¿Adónde va la basura?

escrito por David Meissner
adaptado por Mónica Villa

¡Mira! Este es un camión de basura. Recoge las cosas que las personas tiran.

Recoge cosas como zapatos viejos y comida podrida.

El camión de la basura se lleva todas estas cosas a un relleno sanitario.

Un relleno sanitario es un agujero enorme en la tierra que se llena con basura.

◀ Los rellenos sanitarios son muy sucios y huelen mal.

La basura de los rellenos sanitarios se cubre con tierra.

La basura permanece bajo el suelo por muchos años.

▼ Los rellenos sanitarios se están llenando rápidamente. Es posible que pronto nos quedemos sin rellenos sanitarios.

¡Mira! Este es un camión de reciclaje. También recoge cosas que las personas tiran.

Recoge cosas como periódicos viejos y latas vacías.

El camión de reciclaje recoge cosas de vidrio, plástico, metal y papel.

El camión de reciclaje lleva las cosas a un edificio muy grande. Allí se convierten en cosas nuevas que se vuelven a usar.

A esto se le llama reciclaje, es decir hacer cosas nuevas con cosas usadas.

▲ Este barco fue hecho con materiales reciclados.

Reciclar es bueno. Cuando reciclamos mantenemos limpio el suelo.

Hay muchas cosas que podemos reciclar. Éstas son algunas de ellas.

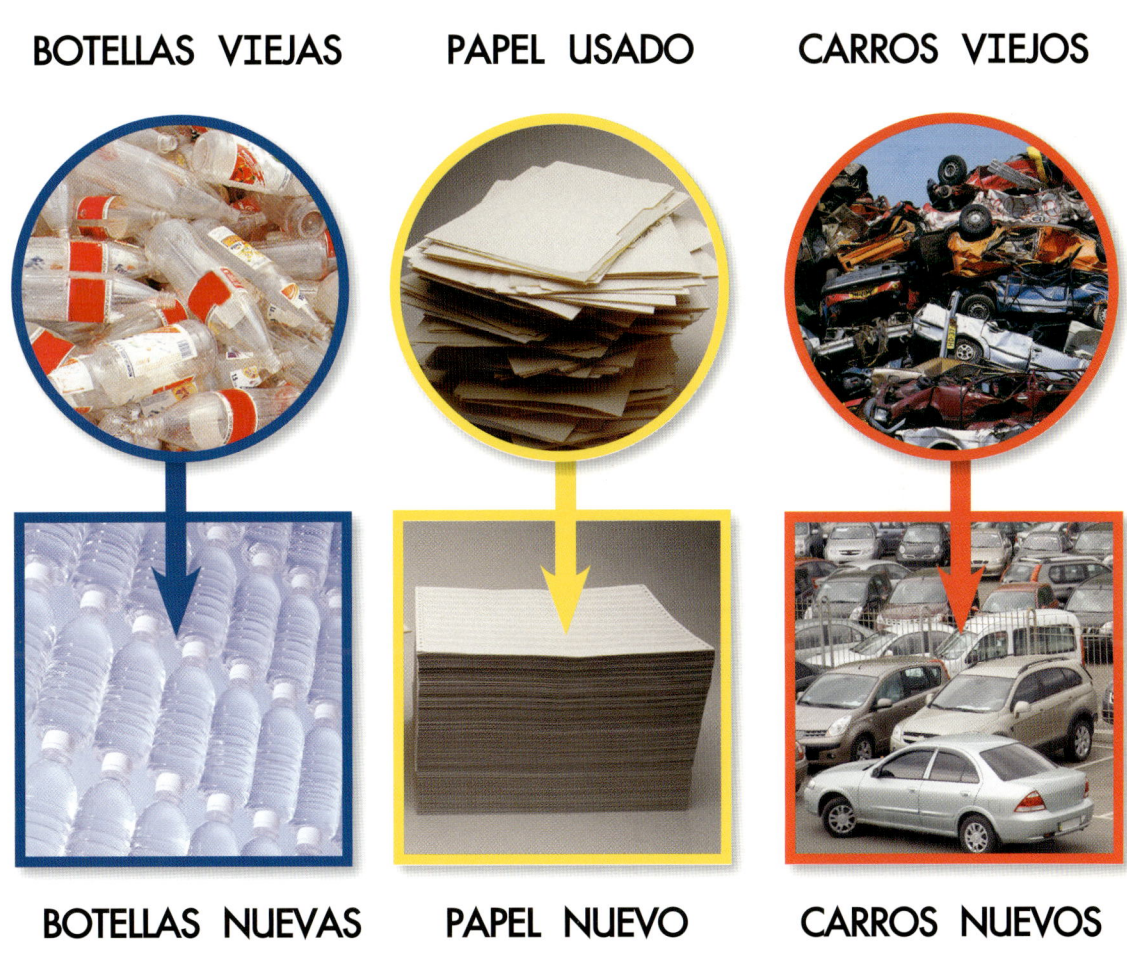

¿Cómo se recicla una botella de leche?

1 La botella de leche vacía se pone en el bote de reciclaje.

2 La botella se lleva al centro de reciclaje. Ahí la ponen en una pila con otras botellas de leche.

8 Se compra y se usa la leche.

7 La botella nueva se llena de leche y se envía a la tienda.

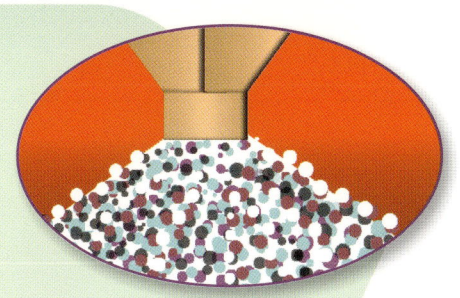

3 La cortan en pedazos pequeños.

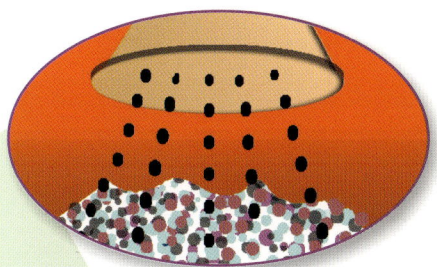

4 Luego limpian todos los pedacitos.

5 Los pedacitos se calientan hasta que se funden.

6 Se hace una nueva botella con la botella de leche fundida.

¡Nos gusta reciclar!